QING SHAO NIAN KE XUE TAN SUO YING

青少年科学探索营

奥秘世界谜团

李 勇 编著　丛书主编 郭艳红

恐龙：走进侏罗纪公园

汕头大学出版社

图书在版编目（CIP）数据

　　恐龙：走进侏罗纪公园 / 李勇编著. -- 汕头：汕
头大学出版社，2015.3（2020.1重印）
　　（青少年科学探索营 / 郭艳红主编）
　　ISBN 978-7-5658-1643-7

　　Ⅰ. ①恐… Ⅱ. ①李… Ⅲ. ①恐龙－青少年读物
Ⅳ. ①Q915.864-49

中国版本图书馆CIP数据核字(2015)第025967号

恐龙：走进侏罗纪公园　　KONGLONG：ZOUJIN ZHULUOJI GONGYUAN

编　著：李　勇
丛书主编：郭艳红
责任编辑：宋倩倩
封面设计：大华文苑
责任技编：黄东生
出版发行：汕头大学出版社
　　　　　广东省汕头市大学路243号汕头大学校园内　邮政编码：515063
电　话：0754-82904613
印　刷：三河市燕春印务有限公司
开　本：700mm×1000mm 1/16
印　张：7
字　数：50千字
版　次：2015年3月第1版
印　次：2020年1月第2次印刷
定　价：29.80元
ISBN 978-7-5658-1643-7

前　言

　　科学探索是认识世界的天梯，具有巨大的前进力量。随着科学的萌芽，迎来了人类文明的曙光。随着科学技术的发展，推动了人类社会的进步。随着知识的积累，人类利用自然、改造自然的的能力越来越强，科学越来越广泛而深入地渗透到人们的工作、生产、生活和思维等方面，科学技术成为人类文明程度的主要标志，科学的光芒照耀着我们前进的方向。

　　因此，我们只有通过科学探索，在未知的及已知的领域重新发现，才能创造崭新的天地，才能不断推进人类文明向前发展，才能从必然王国走向自由王国。

　　但是，我们生存世界的奥秘，几乎是无穷无尽，从太空到地球，从宇宙到海洋，真是无奇不有，怪事迭起，奥妙无穷，神秘莫测，许许多多的难解之谜简直不可思议，使我们对自己的生命现象和生存环境捉摸不透。破解这些谜团，有助于我们人类社会向更高层次不断迈进。

　　其实，宇宙世界的丰富多彩与无限魅力就在于那许许多多的难解之谜，使我们不得不密切关注和发出疑问。我们总是不断地去认识它、探索它。虽然今天科学技术的发展日新月异，达到了很高程度，但对于那些奥秘还是难以圆满解答。尽管经过古今中外许许多多科学先驱不断奋斗，一个个奥秘被不断解开，推进了科学技术大发展，但随之又发现了许多新的奥秘，又不得不向新问题发起挑战。

宇宙世界是无限的，科学探索也是无限的，我们只有不断拓展更加广阔的生存空间，破解更多的奥秘现象，才能使之造福于我们人类，我们人类社会才能不断获得发展。

为了普及科学知识，激励广大青少年认识和探索宇宙世界的无穷奥妙，根据中外最新研究成果，编辑了这套《青少年科学探索营》，主要包括基础科学、奥秘世界、未解之谜、神奇探索、科学发现等内容，具有很强系统性、科学性、可读性和新奇性。

本套作品知识全面、内容精炼、图文并茂，形象生动，能够培养我们的科学兴趣和爱好，达到普及科学知识的目的，具有很强的可读性、启发性和知识性，是我们广大青少年读者了解科技、增长知识、开阔视野、提高素质、激发探索和启迪智慧的良好科普读物。

目 录

背长风帆的异齿龙

异齿龙的身躯

头部不太大，但长有一双很大的眼睛，眼睛的下面向外凸出。上颌长有一种角质的喙，口内长着3种形态的牙齿。

身躯比较小，体长只有1.3米，体重为200千克。主要依靠两足行走，并且行走时非常迅速，有时它也会以四足行走。

异齿龙的肩膀和掌部的关节比较强健，能够挖开小动物的巢穴寻找食物。

异齿龙的四肢

前肢很长，约为后肢长度的3倍，非常健壮有力。从发育得很好的肱骨和凸出的尺骨，可以看出它们的前肢异常强健。

异齿龙长有5指，与人类的手指非常相似。第一指是最大的，指端的长有锋利的爪子，并且可以灵活弯曲，当弯曲时第一指会向内转动。第二指比第三指略长一些，同样可以自由弯曲。第四指和第五指相对来说比较小，结构也非常简单。

异齿龙的后肢，胫骨比股骨长出三分之一，这种构造是为了适应高速的运动。

下部的腓骨和胫骨在脚踝部位愈合，这种结构与现在的鸟类相似，脚部长有四趾，其中后三趾着地。

虽然异齿龙有时会四足行走，不过前后肢比例告诉我们它是一种双足行走、行动敏捷的小型恐龙。

异齿龙的尾巴

尾部的肌腱并没有骨化，这使它的尾巴非常地灵活。异齿龙的尾巴由一小骨节构成，这些骨节支撑着尾巴，使尾巴硬挺，就像钢丝演员手上的杆子，用来保持身体的平衡。

异齿龙在奔跑过程中，不断扭转摆动身体，此时，它的尾巴可起到保持身体平衡的作用。

异齿龙的生活环境

异齿龙生存于侏罗纪早期，距今约2.05亿年，主要分布在南非地区半沙漠化的环境里。

异齿龙是一种迁徙性的动物，当一年中最干旱的季节到来时，异齿龙会经历季节性的夏眠或冬眠，不过目前还没有证据支持异齿龙夏眠的假设。

异齿龙是一个原始合弓类生物，与人类及现代哺乳类的关系很远。合弓类动物是第一种演化出不同形态牙齿的四足动物。

爬行动物很难切碎食物，只是吞咽下去，但像异齿龙等的合弓动物可以用牙齿把食物切割成小块，方便消化。

异齿龙的食物

异齿龙又称畸齿龙，意为"长有不同类型牙齿的蜥蜴"。异齿龙是原始的鸟脚类恐龙，同时也是最小的鸟脚类恐龙。

它们可能以植物的枝叶为食，在进食时，前肢将植物的嫩叶放入嘴里，通过颊齿的咀嚼来磨碎食物，以便更好地吸收。

异齿龙通常四肢着地或站立吃食，只有在遇敌害逃跑时才两

腿奔跑，奔跑中为了平衡身体，尾巴会甩来甩去。

科学家推测，异齿龙在吃食时，用喙一片一片啄下树叶或茎，集中在口的两边，然后一起咀嚼，咀嚼时下颌轻微向后挫动，样子颇像现代牛羊进食。

调节体温之谜

异齿龙背上有一种帆状物，是由脊椎股骨支撑起来的，脊椎股骨不是一根完整的骨头，它的每一条都来自个别的脊骨。

这种帆状物可能用来控制体温，背帆的表面可使加热、冷却更有效率。

有研究计算出一只200千克的异齿龙从26℃提升至32℃的体温，若没有帆状物需要205分钟，但若有帆状物则只需要80分钟。

这种温度的调节非常重要，因为适宜的体温可让它有更多时间来捕获猎物。

帆状物也有可能是用作求偶或是吓唬猎食者的武器。异齿龙的敌害主要来自兽脚类恐龙，比如沃克龙、角鼻龙、斑龙、鳄龙等肉食性恐龙。

延 伸 阅 读

一些古生物学家认为，异齿龙是杂食性动物。它的颊齿毫无疑问非常适合磨碎植物的粗纤维，但它前肢上分离弯曲的长爪子，则可能是为了满足捕猎的需要而生长的。

奔跑如飞的似鸵龙

似鸵龙的头部

头部小而修长，与现在的鸵鸟头部非常像。它的眼睛比较大，颌部非常厚实，但是颌部没有牙齿，下颌有两对低矮的洞孔。

似鸵龙的口鼻部前端为喙状嘴。颈部细长，颈部长度约占身体长的将近一半，并且非常灵活。

似鸵龙的身躯

身长为4.3米，臀部高1.4米，体重150千克。它的后肢细长，胫骨比股骨长，脚趾上的爪子能够防止滑倒，这使似鸵龙行动更加迅速，适合奔跑。

似鸵龙在奔跑过程中，尾部细长挺直的尾巴能够保持身体的平衡，但是不够灵活。

似鸵龙有10节颈椎、16节背椎、6节荐椎，尾椎数目尚不清楚。

似鸵龙的四肢

似鸵龙前肢粗壮有力，但是前臂的骨头不太灵活，只能在很小的范围内活动。

它的前肢是似鸟龙科中最长的，并且长有三指，每个指上长有弯曲状的锐利的指爪。

　　似鸵龙后肢上的胫骨比较长，并且肌肉强健有弹力，这表明它们善于奔跑，也有可能用来逃跑。在似鸟龙科中，似鸵龙的腿部可能是中等修长。

似鸵龙的生活方式

　　似鸵龙生存于白垩纪末期的加拿大。似鸵龙居住在岸边，可能是滤食性动物，主要以岸边的昆虫为食，甚至还会下到水里捕食虾、螃蟹进食，因而有古生物学家认为它可能是肉食性恐龙。

　　白垩纪末期的气候与环境与现在有很大的不同。似鸵龙生存的地区是海岸平原，处于亚热带气候，生存着许多陆生与水生动物。

　　当地有宽阔的草原，可供角龙类（如开角龙、戟龙）和鸭嘴龙类（如副栉龙、赖氏龙）等草食性恐龙生存、迁徙。

　　似鸵龙的生存环境有沙滩、海洋与河流，这里还生存着其他主龙类，例如翼龙类、蛇颈龙类、沧龙类，以其众多的鱼类、两栖类、爬行动物、昆虫以及甲壳类。

　　似鸵龙的叙述者奥斯本却认为，它们是以灌木、树以及其他植物上的树芽与幼枝为食，似鸵龙用它们的前肢抓住树枝，然后用长颈部来吃上面的食物。

　　似鸵龙的前肢掌部构造也支持草食性的假设。似鸵龙的第二指与第三指长度一样，可能无法独自运作，两者之间可能由皮肤连接，形成单一的器官。

　　这些构造显示，似鸵龙的掌部可能作为钩爪使用，可用来抓取蕨类植物的叶部或植物的种子、嫩芽和幼枝，并使用前肢抓住树枝，送到嘴边慢慢享用。

高速奔跑之谜

似鸵龙生活在白垩纪末期的北美地区，它牙齿退化，身体纤细，是一种小型恐龙。但是它的奔跑速度非常快。它的一双大眼睛告诉我们，它的警觉性非常高，时刻观察着周围的情况。

若发现敌害，就会用健壮的后肢猛力一踹来赶跑敌害，如果遇到强大的对手，它会以迅雷不及掩耳之势逃离。

据美国古生物学家推测，它的速度可达到每小时50千米至80千米，这也是它们逃离掠食者的唯一武器。

研究显示，似鸵龙在受惊的情况下，速度最快，两步的跨距可达6米。但由于它们有长手臂与尾巴，因此它们无法像现代鸵鸟般以最高速奔跑。

似鸵龙被认为可用高速逃离敌害等大型掠食动物。但蜥鸟盗龙与驰龙等小型掠食动物，其速度接近于似鸵龙，也可比较轻易地猎杀它们。

延 伸 阅 读

似鸵龙具有典型似鸟龙科的体型与骨骼架构，与似鸟龙、似鹈鹕龙的差别则在于身体比例与细部生理特征，蒙古古生物学家将其分类于似鸟龙下目。

模样像鸟的拟鸟龙

拟鸟龙的头部

头部比较小，与现代鸟类相似，科学家推测拟鸟龙的脑部比较大。它有一双大眼睛，能够敏锐地观察到四周的情况。

据科学家推测，拟鸟龙头部的后方可能还长有长长的羽毛，主要用来保暖。

颈部细长而且灵活，比其他偷蛋龙类恐龙还要长许多。鼻长而扁，口中无牙齿，但有着类似鹦鹉的喙嘴，它主要依靠喙部啄取食物。

拟鸟龙的身躯

拟鸟龙是一种小型的两足行走的兽鸟类恐龙，外形很像鸟类。它体长1.5米，臀部高约0.45米，重15千克。

拟鸟龙的前肢短小，手掌骨像鸟类一样融合在一起，尺骨上有隆起物。后肢长并且健壮，非常擅长跑步。它的胫骨比股骨长，这是善奔动物最显著的特征。另外，脚掌部都拥有三个脚趾，每个脚趾上都长有弯曲的利爪。

拟鸟龙的生活方式

拟鸟龙生存于白垩纪晚期，约8500万年至7500万年前，主要分布在亚洲的我国、蒙古等国家。

据推测，拟鸟龙可能生活在湖泊、沼泽旁的森林里，它们喜欢集体而居。由于没有牙齿，因此以嘴啃食植物的果实为生。

拟鸟龙的化石发现

1981年，俄罗斯挖掘团队首先在蒙古发现了拟鸟龙的化石，之后使由古生物学家命名。

1996年，第二个拟鸟龙的化石被发现，是个比较完整的骨骼化石。在这个地区还发现了许多小型兽脚类恐龙足迹化石，有人认为是拟鸟龙留下的。

2009年，中美古生物学家在现今中国内蒙古西部戈壁上，又发现了9000万年前，一群年轻类拟鸟类的"恐龙墓地"。这些恐龙身陷湖泊旁的沼泽之中，可能由于缺少成年恐龙群体的照顾，集体死亡在这片沼泽地中。

这群幼年恐龙在沼泽突然夭折，提供了罕见的恐龙社会习性

快照。它们的死亡，暗示着未发育完全的恐龙幼体很可能因成年恐龙群体都忙于筑巢和孵化而失于照顾。专家认为，这些年轻的恐龙只好形成了一个群体，独立地生活着。

延　伸　阅　读

　　拟鸟龙的意思是"鸟的模仿者"，因为它的样子很像鸟类。长期以来，古生物学家普遍认为似鸟龙类是以肉食为主的杂食性，捕食昆虫和其他一些小动物，偶尔吃吃果子。

从不偷蛋的窃蛋龙

窃蛋龙的头部

头部比较短，形状就像鸟的头，头顶长着一个骨质头冠，非常美观。

嘴部是一对骨质的尖角，非常坚硬，能够敲碎骨头，类似于鹦鹉的嘴。但是，口中却没有牙齿。

窃蛋龙的外形

身长约2米，体重30千克。体型较小，很像现在的鸵鸟。前肢

比较长，并且长有三指，每指上面都有长长的尖爪，中间的指爪比较长，能够向后弯曲，牢牢抓住猎物。

后肢细长，并且非常强健，显示它的运动能力强，行动迅速敏捷，凭借两条长长的后腿与腿上三个壮实的爪，它可以高速奔跑。而细长的尾巴主要保持身体的平衡。

窃蛋龙的生活方式

窃蛋龙生活在白垩纪晚期，主要分布在亚洲的我国、蒙古等地。它们除了食用果实以外，还吃其他的食物，因为喙部坚硬的角质尖角可能会啄开恐龙蛋吸食蛋液，所以它可能是杂食性恐龙。窃蛋龙如果被体格强壮但速度较慢的恐龙发现，那么它唯一能选择的方法就是飞速逃离。

窃蛋龙的产卵孵化

窃蛋龙过的是集体群居生活，雌性窃蛋龙会把卵产在圆锥形的巢穴中，巢穴中心深1米，直径2米，巢穴之间相距7米至9米，它们的个子比较小，有时将植物的叶子盖在上面，以腐烂的植物产生的热量进行孵化。20世纪20年代发现的窃蛋龙化石，用两条后肢紧紧地蜷向身子的后部，两只前肢则向前伸展，呈现出护卫窝巢的姿势，和现代的鸡或鸽子等鸟类的孵蛋姿势完全一样。它是证明某些恐龙种类存在着孵化抚育活动的有力证据。

窃蛋龙的家族

在白垩纪时期的蒙古地区一带，生活着艾角龙窃蛋龙和蒙古窃蛋龙两种窃蛋龙。

艾角龙窃蛋龙生活在蒙古的半沙漠化地区，由于气候干燥炎热的原因，经常偷吃恐龙蛋来补充营养和水分，而蒙古窃蛋龙生活的区域则相对湿润，它会在湖边找寻蛤蜊等贝类作为美食。

除了生活环境不同以外，两种窃蛋龙在头冠上也有区别，蒙古窃蛋龙的头冠要比艾角龙窃蛋龙更大、更明显一些。

窃蛋龙近亲

生活于上白垩纪的葬火龙，是最出名的窃蛋龙科恐龙之一，因为它有着几组保存完好的骨骼，包括几个在巢中孵蛋的标本。葬火龙与偷蛋龙的外表类似，两者常被混淆。

葬火龙的头颅骨很短，有着许多洞孔。它的喙非常坚固，颈部较长，但是口中没有牙齿，并且尾巴也非常的短。

葬火龙的体型较小，最大的长约3米，与鸸鹋龙差不多。葬火龙身上最显著的特征是它那高高的冠状物，外表与现今的鹤鸵非常相似。

它的前肢较长，并且长有三指，指上有弯曲的利爪，能够抓握。胫骨显得较长，表明它们非常适合高速奔跑。

窃蛋之谜

1923年，俄罗斯的古生物学家德鲁斯在蒙古大戈壁上发现了一窝恐龙蛋和一具原角龙化石。当时，这个恐龙骨架刚好趴到恐龙

蛋上。科学家推测,这只恐龙正在偷原角龙的蛋。

后来,人们根据这条恐龙身体的特征(如和鸟喙相似的嘴,没有牙齿等)来推测它是怎样偷吃恐龙蛋的,即把蛋含在嘴里,再利用外力把蛋敲破。于是,科学家根据想象给它起了个带有贬义的名字,叫窃蛋龙。后来,美国自然史博物馆的马克·罗维尔博士在同一个地点发现了更多的恐龙蛋化石,其中一个蛋里显示有窃蛋龙胚胎的骨头。

20世纪90年代,中外科学家在我国内蒙古地区联合考察时,又发现了保存完整的窃蛋龙骨架。

这个骨架显示,它正卧在一窝恐龙蛋上面,很像是在孵蛋。看样子是正在孵蛋的时候被突如其来的沙尘暴掩埋了。

　　由此可以推断，窃蛋龙并非是偷蛋时被杀，而是为了保护自己的蛋，是用它的长爪在保护着自己的幼仔。至此，窃蛋龙身上的黑锅终于卸下来了，但按照国际命名法，这个名字是不能轻易更改的。

延 伸 阅 读

　　窃蛋龙起初被古生物学家分类于似鸟龙科，因为它们缺乏牙齿喙状嘴。后来，专家发现了窃蛋龙与纤手龙之间的相似处，纤手龙被认为是窃蛋龙的近亲。

长有双脑的钉状龙

钉状龙的大脑

　　钉状龙在希腊文中的意思是"尖刺的蜥蜴"。钉状龙窄窄的头盖骨后部有一块狭小的空间，是来容纳大脑的。与同体型差不多的动物相比，它的大脑显得特别小，因而科学家认为这类恐龙不太聪明。

钉状龙的身躯

　　身长为4.9米，体重达1吨。身体只有剑龙的四分之一大小，与一头大犀牛差不多，它可能是剑龙家族里最小的一个成员。

在钉状龙的头部，有许多小型骨板沿者颈部与肩膀排列，并且逐渐变窄、变尖。

它的双肩两侧还长着一对利刺，作为防御利器。钉状龙可左右挥动它们有尖刺的尾巴来避免被攻击。而钉状龙臀部两侧的尖刺也可保护它们免受攻击。

钉状龙与剑龙属最主要的差别就在于剑龙属缺乏臀部与尾巴连接处附近的一对显著的尖刺。

另外，分布在它颈部上的骨板细小而状如树叶，其外形的其他方面，则与剑龙十分相似。

钉状龙的四肢

前肢较短，后肢比较长，其长度是前肢的两倍，脚掌有蹄状的趾爪。

虽然钉状龙四肢都健壮有力，但因背上有沉重的甲板和钉状刺，所以它不太适合快速奔跑。

钉状龙的生活方式

钉状龙生存于侏罗纪末期的非洲坦桑尼亚地区，约1.5亿年前。它们是剑龙的远亲，但个子只有一般剑龙的一半左右，钉状龙身上的骨板呈钉状遍布全身，这一点与剑龙也不相同。

钉状龙是种草食性恐龙，以低矮的灌木植物、果实和嫩叶为食。不过，当钉状龙站立以后，可以吃到高大树木的树枝和树叶。

由于它的牙齿非常小，磨损面又比较平坦，它只能依靠颌部的上下运动来咀嚼食物。

钉状龙的近亲

华阳龙身长近4米，体重1吨至4吨。但与同时代的其他恐龙相比，它实在是太矮小了。

华阳龙头部细长，口鼻部较狭窄，脖子细而短。从脖子直至尾部长着一排长刺，是它的防御武器。

华阳龙的四肢大致一样长，但都非常粗壮，能够支撑起全身的重量。

由于身体比较矮小，够不着那些高大的树木的枝叶，华阳龙主要以河边绿色的矮小蕨类植物为食。

钉状龙的发现

20世纪初，德国的化石考察探险家詹尼西和他的助手汤巴利在坦桑尼亚发现了最早的钉状龙化石。他们当时所挖掘的骨骼中包括了数百具凌乱而残缺的钉状龙骨架化石，单是股骨就达70根以上。

后来，他们将多达数千箱的钉状龙及其他恐龙化石运回德国

研究，不过，其中许多骨骼化石在第二次世界大战中都被战火毁掉了。

但是，近年在博物馆的地下储藏室，发现了颅骨部分。已发现的钉状龙的化石包含：一个接近完整的尾巴、骨盆和数节背椎。德国古生物学家沃纳·詹尼斯利用这些化石，重建出一个钉状龙的骨架模型，在柏林自然史博物馆展出。

从2006年到2007年间，博物馆将这个骨架拆除，并组架出新的骨架模型。

副脑之谜

古生物学家在研究钉状龙化石时发现，它存在着副脑组织，其位置在它的臀部。

头部的脑子则是主脑，也就是常说的大脑。科学家认为，

它能够生存这么长时间，主要是两个脑的分工明确，相互配合默契。

后来，科学家经过对化石多次研究，发现这里可能只是控制后肢与尾巴的神经，是身躯和尾部间的神经转换点，或者有储存糖原体以激发肌肉的功能，并不是真正意义上的大脑。

延 伸 阅 读

钉状龙属于剑龙类，不过它的个头只有剑龙的四分之一，跟一头大犀牛差不多大小，算是剑龙家族里的小个子。钉状龙股骨的长度与腿的其他部分显示，它们是一种缓慢而不活跃的恐龙。

长有背板的沱江龙

沱江龙的头部

头颅骨低矮，又显得非常扁小。它的脖子短而细，上面生长有骨板，呈圆形。

口鼻部非常狭窄，颌部的肌肉也非常少，并且沱江龙颌部的前方没有牙齿，两侧只有短小的颊齿。眼睛小而圆，主要长在头颅的两侧。

沱江龙的身躯

沱江龙的体型较小，身长只有7.5米，高为2米，重则达1吨。它的四肢比较粗壮，前肢较短，后肢稍长，脚掌上都长有蹄状趾。沱江龙的背部高高拱起，就像一座拱桥。从脖子、背脊至尾部，它身上生长着直立的骨板，颈部的圆形骨板到了背后部就变为长三角形状了，这些骨板比剑龙的骨板要尖利，主要用于防御来犯之敌。

沱江龙的尾巴

尾巴短而健壮，在其末端有利剑似的骨刺，并且都向上竖起，可以用来攻击想要吃它的敌害。

不仅如此，沱江龙还像剑龙类中的其他恐龙一样，尾巴末端都长有向外突起的四根细长的呈圆锥形的骨钉。这些成对的骨钉显然是所有的剑龙类成员防御敌人的主要武器。沱江龙头脑较小，由此就显得行动缓慢而又不太聪明。所以当它遇到攻击时，可能只能站在原地用这条长着尖刺的尾巴去击打敌人。它往往在狂怒时使劲一扬尾巴，就能使袭击它的敌害望风而逃。

沱江龙的生活方式

沱江龙生存于侏罗纪末期，约1.5亿年前，分布在我国四川、重庆一带。它是我国恐龙的"明星"，很像是中国版的剑龙。沱江龙与同时代生活在北美洲的剑龙有着极其密切的亲缘关系。但沱江龙是一种性情温和的草食性恐龙，不过在遇到敌人时，它也会用它尾巴上的骨钉给敌人以狠狠地回击。

沱江龙生活在河边的茂密树林里，以蕨类植物和树木的枝叶

为食。当地上的食物不多时，会用后肢站立起来，可以用嘴咬断植物的枝叶。由于牙齿比较小，咀嚼能力差，就会把食物整个吞下，不过它要依靠胃石来帮助消化。

沱江龙的化石

沱江龙化石是重庆博物馆于1974年在四川省自贡附近的五家坝挖掘出土的，这具骨骼化石是亚洲有史以来第一具比较完整的剑龙类骨骼。还有一具比较完整的骨骼化石，那就是峨眉龙的骨架。沱江龙在形态上十分类似北美洲的剑龙属，也是目前已知最多的中国剑龙类。

此次出土化石多达10吨。这些标本经过我国古生物学家研究，部分化石被复原出了四具恐龙骨架，其中有一具就是沱江龙的骨架。沱江龙的体型比剑龙小，唯一的一个种多背棘沱江龙于1977年被命名，正好是美国的剑龙属被命名的100年后，目前只发现两个标本，其中一个是超过一半完整的骨骸。

背板之谜

沱江龙从脖子、背脊至尾部，一共生长着15对三角形的背板。沱江龙的剑板较大，且形状多样，颈部的轻而薄，呈桃形，背部的呈三角形，肩部和尾部的呈高棘状的扁锥形。

从颈部到肩部，剑板逐渐增高、增大、加厚，最大的一对长在肩部。这些剑板在沱江龙背面中线的两侧对称排列。剑板的数量比其他的剑龙种类的都多，而且比剑龙的还要尖利，其功能主要是用于防御来犯之敌。

另外，在其短而强健的尾巴末端，还有两对向上扬起的利刺，沱江龙可以用尾巴猛击所有敢于靠近的肉食性敌人。

据古生物学家考证，除了防御敌害的进攻外，沱江龙的背板还具有调节温度的功能。研究表明，它的这种背板可以用来收集

太阳散发的热量。在白天，太阳散发的热量比较多，它的背板朝向太阳后，就会吸收热量。在晚上，气温比较低，其背板上的热量就会通过血管流遍全身，就像热水在暖气管道中流动一样，使得它的整个身体保持温暖。

延 伸 阅 读

多棘沱江龙是沱江龙的近亲，它生活在中生代的侏罗纪晚期，身上有15对剑板，尾端有两对大的骨棘。多棘沱江龙的头长而窄，牙齿小，以植物为食，经常活动于茂密的灌木丛中。

全身甲衣的棱背龙

棱背龙的头部

头部较小，而颈部则相对较长，能够自由活动。而且它的颌部非常小，上下颌和牙齿柔弱无力。眼睛长在头颅的两侧，可以观察到四周的危险情况。

棱背龙的身躯

棱背龙的躯体滚圆而笨重，四肢粗短，体长3米至4米，大小

如同一头小牛。棱背龙通常以四足行走，臀部是整个身子的最高点。它的四肢粗壮有力，能够承受全身的重量，前肢较短，后肢稍长，这也就说明了臀部为何那么高。棱背龙的尾巴挺得非常直。

另外，棱背龙从颈部、背部直至尾部长着竖排脊状剑板和骨质结瘤形成的小刺，保护着棱背龙身体不受到任何伤害。

棱背龙的四肢

棱背龙的前肢粗短，但其掌部比较宽大，并且长有厚垫，指端长有蹄状的爪子。后肢也比较粗，掌部比前肢掌部略长，并且长有四指，其中一指比较短，另外3指相对较长。

棱背龙的脚掌上也长有肉垫，并且有很强的弹力，能够使身体与地面保持水平，还能够保护腹部。

棱背龙的生活环境

棱背龙被认为是甲龙类的祖先，生存于侏罗纪早期，主要分布在美国、英国和我国的部分地区。

它们生活在河岸边植物生长茂盛的地方，以树上的果实和嫩叶为食，用狭窄的嘴切断枝条，依靠上下颌的运动咀嚼食物。棱背龙在受到敌害的攻击时，身上的甲衣和短刺就成为最有力的武器，能够保护自身安全。

棱背龙的生活特性

棱背龙又称腿龙，是一种有较轻骨板的四足草食性的恐龙，身长4米。它们生存于早侏罗纪锡内穆阶到赫特唐阶，约2.8亿年前到1.9亿年前。

棱背龙的头颅骨低矮、呈三角形，长度比宽度长，类似原始鸟臀目恐龙。

棱背龙是草食性恐龙，并拥有非常小的叶状颊齿，适合咀嚼

植物。

一般认为它们进食时，是单纯的下颚上下移动，让牙齿与牙齿间产生刺穿和压碎的动作。

棱背龙头颅有5对洞孔，这种特征可见于原始鸟臀目恐龙，而牙齿较晚期的装甲恐龙更像叶状。

棱背龙最独有的特征是它们的装甲，由嵌在皮肤里的骨质鳞甲构成。这些皮内成骨以平行方式沿着身体排列，皮内成骨也存在于鳄鱼、犰狳以及某些蜥蜴的皮肤里。

这些皮内成骨有两种形状。大部分是小而平坦的骨板，但也有较厚的鳞甲。

棱背龙的鳞甲沿着颈部、背部、臀部以垂直规则排列，而四肢与尾巴上有较小的鳞甲排列着。

棱背龙侧面的鳞甲呈圆锥状，而非小盾龙的刀锋状皮内成骨，这些特征可用来辨认棱背龙。

棱背龙头后方拥有一对三尖状的鳞甲。与较晚期的甲龙下目恐龙相比，棱背龙有较轻的装甲。

甲衣之谜

棱背龙的身上覆盖着一层骨质的突起，并混杂着非常小的鳞片，还均匀地密布着一排排尖刺，科学家称其为甲衣。

另外，棱背龙的颈部直至尾部，还长有小型骨板，很像一个个短剑，呈三角形。棱背龙一身的鳞片再加上这一剑形的三角区形，成为它特殊的身材结构。

棱背龙为何从头至尾装备着一层厚厚的甲衣呢？有科学家认为，这是因为棱背龙的头部很小，不太聪明，所以，其生理要求

它必须拥有比较坚固的壳甲来保护自己。因为这样，那些想吃肉的敌害就不会那么容易伤害到它了。

但也有人不同意这种意见，认为这身甲衣还有其他用途，至于到底它有何种用途，目前尚无有力的证据证实。

延 伸 阅 读

棱背龙曾被分类于剑龙下目或甲龙下目之中，后来被认为较亲近于甲龙科，而离剑龙科较远；但它们仍然与剑龙有很多类似之处，如最高点为臀部的沉重身体，以及背上的排列骨板等。

背长甲板的剑龙

剑龙的头部

头部不是很大，但却显得非常狭长，并且非常的扁，脑容量也非常小，这种头部可能是所有恐龙中最小的一种。嘴上长有角质的尖喙，前部没有牙齿，两侧的牙都比较小，呈三角形，但是这些牙齿用来进行研磨的作用不大。

剑龙的身躯

体型庞大，身长约9米，体重2吨至5吨，是所有剑龙下目中最

大的。在它们生存的年代，还有许多更为巨大的蜥脚类恐龙。背部曲线呈弓状弯曲，沿着弓起的背部脊线，有两道形状类似风筝的板状物平行排列。

它的头部靠近地面，而尾部则伸向空中。颈部直至尾巴中部，长有三角形的骨板，尾巴的末端有长长的钉刺，并且这些钉刺非常锋利，能够划破敌害的腹部。

剑龙的四肢

剑龙的前肢比较短，后肢比前肢要长出许多，而且极粗。剑龙前肢长有五指，指端长有蹄状的爪。后肢长有三指，脚掌非常厚实，能够支撑起全身的重量。由于后脚比前脚长了许多，使它的身体变得前低后高。

剑龙的生活方式

剑龙生存于侏罗纪中期到白垩纪早期的北美洲一带，时间约1.5亿年至1.4亿年前。

剑龙是一种大型的草食性恐龙。主要生活在树木生长茂盛的森林里，以植物的果实和嫩叶为食。在进食时，它的颌部牙齿能够切断枝叶，但由于缺乏咀嚼的牙齿，所以它会借助胃石来消化。

通常情况之下，剑龙集体生活在一起，有时也会与其他草食性恐龙共同生活。

剑龙的发现

剑龙最早为19世纪末美国著名的古生物学家马什在1877年所命名的；在19世纪后期，马什与另一位考古学家爱德华·德林克·科普之间有俗称为"骨头大战"的竞争，而剑龙是首先被收集与描述的众多恐龙之一。

化石的发现地点位于美国西部与加拿大的一系列侏罗纪晚期层积岩层，北美洲产有最多恐龙化石的地层莫里逊组的北部，这些最早出土的化石成为了装甲剑龙的正模式标本。

剑龙的出土

剑龙的原意为"有屋顶的蜥蜴"，这是因为马什一开始以为剑龙身上的板状构造，是有如屋瓦一般地覆盖在整个背上。

几年之后，又有许多较完整的化石出土，马什才发表了几篇关于剑龙属的论文。

1994年，在美国的怀俄明州又发现了一具半成熟剑龙的化石，头尾长4.6米，高度为2米。

甲板之谜

剑龙身上最主要的特征是背部的骨质甲板，这是一种高度特化的骨层，与现今鳄鱼身上的一些构造相似。骨质甲板并不与骨架相连接，而是长在皮肤上。

通过化石研究证明，这些甲板上可能覆盖着皮肤，并分布着血管网，能够调节体温。早上天气较冷，剑龙就会侧向太阳站立，让这些甲板朝向太阳，通过上面的皮肤、血管来吸收热量，使身体暖和起来。如果感觉身体太热，剑龙就会走大树下或到阴凉的地方去。

尾巴之谜

剑龙的尾巴比较特殊，它的尾巴上的钉刺是还击敌害的锐利武器，这是确定无疑的。通过挥舞这带刺的尾巴，剑龙会给主要劲敌异特龙以致命打击，这条尾巴要是碰上了异特龙与角鼻龙的肚腹，一下子就能让它们肚破肠开。

古生物学家马什还认为，其臀部区域的脊髓，拥有较大的通道，能够提供空间给一个比脑部大20倍的构造。也就是认为剑龙

在尾部拥有一个"第二大脑"，能够用来控制身体的后半部。

同时，它也可能在剑龙遭受敌害攻击时，暂时性地帮助它们抬高身体。但剑龙的尾巴是否有这种功能，还没有找到新的证据。

延 伸 阅 读

一些有关整体剑龙装甲的发现显示，其尖刺伸出的方向与尾部成水平状，而不是如一般所描绘的垂直状。最近的研究显示，这个物种的尖刺数量只有4支，而不是原来描述的8支。

坚甲护体的蜥结龙

蜥结龙的头部

头部不大，头颅骨呈三角形，头顶非常厚，由平坦的骨质骨板所覆盖，因为这些骨板紧紧地固定住，所以没有胄甲龙、爪爪龙、林木龙与其他甲龙类所拥有的颅缝。这些状态有可能是化石保存过程的后果。

蜥结龙的颈部有两排平行的鳞甲，背部与尾巴的上半面皮肤覆盖着小型、骨质棱甲，而身体左右两侧各有一排平行的大型、圆锥状鳞甲。

它的颈部比较短，两则长有锋利的骨刺，以保护颈部。

它的口鼻部比较狭长，后面的部分较宽。眼睛后面最宽处为0.3米。

上下颌牙齿非常锐利，能够切断植物的枝叶。

蜥结龙的身躯

蜥结龙的身体宽大，体长7.6米，重达27吨。骨盆和胸腔也比较宽。背部长满了肌质甲片，身体两侧长有尖刺，这些护甲能够保护自身的安全。它具有肩部骨板，在肩膀、背部、尾巴上覆盖着角质外层的骨椎，其间还点缀着结瘤。

蜥结龙的四肢

蜥结龙奔跑速度相对较慢。前肢短于后肢，使背部向上拱起，臀部显得特别高。四肢粗壮有力，可以支撑全身重量。

蜥结龙的生活方式

蜥结龙生存于白垩纪早期的北美洲地区，是一种性情温和的草食性恐龙。蜥结龙学名的意思是"有护盾的蜥蜴"，它是甲龙类恐龙中较早出现的最原始的成员之一。

蜥结龙生活在河边的平原地区，这里的植物生长旺盛，主要以多样性的针叶树与苏铁为食。进食时它们习惯用喙去摘取低处的植物。

它身躯庞大，四肢粗短，不适合奔跑。不过，它身上的轻型装甲、从头颅到尾尖一列锯齿般的背脊，以及整个背部的多排平行骨突为它提供了保护，这身甲壳能使自身不受伤害，而且还能攻击敌害。

当遇到强敌时它会卷缩成一团，就像刺猬一样，使尖刺朝外，这样敌害就不敢轻易靠近它了。

蜥结龙的近亲

林龙生存于白垩纪早期，约1.3亿年前。它是相当典型的装甲恐龙。

林龙的头部比较长，并且头部前方角质的喙状嘴，可能易于吃地面上的低矮植物。

肩膀处有3根尖刺，臀部也有尖刺，并且沿背部还有排列整齐的骨刺，都呈现圆锥形。身躯庞大，体长约7.6米，四肢强壮，指端有蹄状趾，尾巴有尖刺。

它的装甲能防御大多数敌害的袭击，不过也有能够攻破防御的，但只是少数。

林龙的第一个化石在英国萨西克斯郡被发现。在怀特岛及法国亚尔丁还发现其他的化石，但在法国发现的化石可能是属于多刺甲龙的。

蜥结龙的化石

20世纪30年代初期，美国古生物学家巴纳姆·布朗在蒙大拿州

比格霍恩县发现了蜥结龙的正模标本。同时，他还发现了另外两个蜥结龙的标本。后面这两个标本是现在保存最好的结节龙科化石，其中有许多保持原位的鳞甲、颈部装甲与大部分头颅骨。

20世纪90年代，考古学家们又在蒙大拿州发现了一个完整的头颅骨，在犹他州雪松山脉发现的一个破碎骨骸。这些化石经认定，均可能被归类于蜥结龙。

坚甲之谜

蜥结龙的全身都披有坚甲，这些坚甲是由嵌入皮肤的皮内成骨所构成。蜥结龙颈部的鳞甲是平行的，其背部与尾巴上的小型、骨质棱甲则主要被皮肤覆盖着。

蜥结龙身体两侧还长有尖刺，这些尖刺大小并不相同，从颈部开始，越接近肩膀的地方尖刺越大，身体两侧的尖刺反而比较小，臀部的尖刺最小，似乎将要退化。

　　这其实是另一种形式的甲壳，由于蜥结龙性情温和，奔跑速度相对较慢，所以，它背部长满了这类甲片。身体两侧还长有尖刺，这些护甲可以保护他们自身的安全，防止其他肉食性恐龙的侵害。

延　伸　阅　读

　　蜥结龙臀部之后的尾巴两侧有平坦的三角形骨板，骨板朝后方，而且越接近尾端，骨板越小。一个化石上发现了40节尾椎，但某些已经遗失，所以实际数目应该超过50节。

身长刺毛的鹦鹉嘴龙

鹦鹉嘴龙的头部

头部较短，并且非常高。颧骨高而发达，并且向外延伸。眼睛上方具有突起的眼睑骨，至于有什么作用，目前还不清楚。

喙状嘴主要由角质覆盖，形成锐利的切割表面，可以将植物的枝条和果实切碎。

颌部的牙齿不太多，上下颌各有7颗至9颗牙齿，齿根比较长，齿缘也比较光滑，牙齿呈针叶状。

鼻孔比较小，前额骨位于鼻骨的下方。颈部比较粗短，肌肉厚实，能自由活动。

鹦鹉嘴龙的身躯

鹦鹉嘴龙是小型两足行走恐龙，身长1米至2米，体重20千克。鹦鹉嘴龙的前肢比较细长，并且长有4指，每个指上都有锐利的爪子，中间的指最长，拇指最短。后肢长而粗，指端也长有锐利的爪子。

鹦鹉嘴龙的股骨比胫骨略短，后足的第四趾已经退化。

鹦鹉嘴龙的生活环境

鹦鹉嘴龙生存于白垩纪早期，约1.3亿年至1.1亿年前，主要分布在我国、蒙古等地区。

它们大部分时间生活在陆地上，以低洼的湖沼和河流岸边为主要生活区，因为这里的植物生长茂盛，能够提供丰富的食物来源。

鹦鹉嘴龙以生长旺盛的植物为食，它们利用坚硬的角质喙把娇嫩植物割切断，再用单列牙前后咀嚼而吞食。由于牙齿不发达，很有可能吞下后用胃石来协助磨碎食物。这些胃石储藏于砂囊中，如同现代鸟类。

鹦鹉嘴龙的生长

最小的鹦鹉嘴龙化石是只蒙古鹦鹉嘴龙的孵出幼体，只有11厘米到13厘米长，头颅骨长2.8厘米。另一个在美国自然历史博物馆的孵出幼体，头颅骨长度为4.6厘米。

在我国辽宁省义县发现的未成年体化石年龄接近美国自然历史博物馆的标本年龄。成年的蒙古鹦鹉嘴龙身长接近2米。

一个对于蒙古鹦鹉嘴龙的组织检验，已确定这些动物的成长速度。在这研究中，最小的标本被测量有3岁大，体重小于1千克；而其中最大的标本有9岁大，重达20千克。这显示相当快的成长速度，比大部分爬行动物与后兽亚纲哺乳类还快，但比现代鸟类与胎盘哺乳动物为慢。

鹦鹉嘴龙归类

鹦鹉嘴龙最早的化石出自中国和蒙古，和生活在同时期的鹦鹉龙、原角龙、三角龙一样，都有一张类似鹦鹉的嘴，现在认为鹦鹉龙可能是大部分的龙类的祖先。鹦鹉嘴龙靠后肢行走，曾一度被归入禽龙科。现在则被认为是一种原始角龙科恐龙，它不像真正的角龙一样长有角和饰裙，但头骨顶部却长着一道骨脊，使颌肌附着于头骨上，两颊也生有角状突出物。鹦鹉嘴龙站立时及肩的高度约1米，寿命约10年至15年。

鹦鹉嘴龙不如他的远亲三角龙广为大众所知，但他们是已知最完整的恐龙之

一。已发现超过400个个体，包括许多完整骨骸。已发现许多不同年龄层的化石，从幼体到成体都有，使得许多研究可以研究鹦鹉嘴龙的成长速度。鹦鹉嘴龙大量的化石纪录，让他们成为中亚早白垩纪沉积层中的标准化石。

鹦鹉嘴龙的灭绝

鹦鹉嘴龙虽然与后来的角龙类物种的亲缘关系较近，但在构造上明显要比那些物种原始，而且出现在地球上的历史也要久远一些，因此古生物学家认为鹦鹉嘴龙是有角龙类的祖先。虽然鹦鹉嘴龙只存在了400万年就因为肉食类恐龙的迅速崛起而消亡，但其后系亲属一直延续到了白垩纪末期的恐龙大灭绝。

鹦鹉嘴龙的化石

鹦鹉嘴龙的化石只分布在亚洲大陆一带，除我国北方是主要产地外，在蒙古和俄罗斯的乌拉尔以东也有发现，这些产地的化石是早白垩纪时期的标准化石。

在我国北部与蒙古这个地质年代的陆相沉积层，都发现了鹦鹉嘴龙的化石。发现最早的是陆家屯鹦鹉嘴龙，发现于我国辽宁省义县的最底部地层。在义县地层总共发现了超过200个鹦鹉嘴龙的标本。这些鹦鹉嘴龙化石都发现于早白垩纪沉积层。

背部刺毛之谜

古生物学家对我国的鹦鹉嘴龙化石研究发现，鹦鹉

　　嘴龙的身上有覆盖物，身体大部分由鳞片覆盖。鳞片有大小之分，较大的鳞片以不规则的形式排列，而较小鳞片排列于较大鳞片之间，这与角龙类的皮肤压痕非常相似，例如开角龙。

　　更令人奇怪的是，鹦鹉嘴龙的背部至尾巴处，有管状刺毛覆盖着，这些刺毛是中空的，长度接近0.16米。这些刺毛类似于兽脚类恐龙的特征，只存在于尾巴上。至于这些刺毛的作用，有人认为是用来调节体温的，而有的人则认为是用来互相交流的，但具体有什么作用，由于没有确凿的证据，至今还没有定论。

亲代抚养之谜

　　在义县有一个保存良好的标本，可以证明鹦鹉嘴龙是亲代抚育的恐龙。

　　这个标本是一个成年鹦鹉嘴龙和30多个天然状态的未成年鹦鹉嘴龙骨骸缠绕在一起的标本。这些未成年骨骸有3种尺寸大小，其头颅骨都位于身体上方，可能是它们的生前状况。出土显示这群动物被埋覆时都还存活着，这个过程可能非常快，估计是洞穴坍塌造成的。

研究发现，那些未成年恐龙的骨头非常小，但已软骨内骨化。这被当做亲代抚育的重要证据，因为这些年轻个体必须待在巢内，直至它们的骨头逐渐硬化。

另外，在一个火山泥流的尸骨层中，考古学家还发现了另一群鹦鹉嘴龙的化石，它们共有6个标本，来自于大约两个不同的地质层。

古动物学家认为，这些化石表明鹦鹉嘴龙是众多群居动物中的一种，它们是属于鹦鹉嘴龙的最早角龙类的证据。这些化石还表明，年轻的鹦鹉嘴龙牙齿已出现磨损，显示它们已能自己咀嚼食物，可能是早熟性恐龙，但还是需要持续的亲代抚育。

延 伸 阅 读

在数百个鹦鹉嘴龙标本中，有一个被发现有病状。这个标本是由成年骨骸构成，其右腓骨中间有明显的感染迹象。伤口附近的骨头沉淀物，显示这只动物受到感染后仍存活了一段时间。

抚养幼子的慈母龙

慈母龙的头部

头部比较大，眼睛前方有一个小型、尖状的冠饰，可能是作为求偶用的，也有可能作为物种内打斗行为使用。慈母龙的脸像是鸭子的脸。慈母龙的颧骨上还长有三角形的突起，它的喙部则比较宽，像鸭子的喙部一样。它的嘴具有典型鸭嘴龙科的平坦喙状嘴，嘴里没有牙，但是嘴的两边有牙，颌非常有力，咀嚼能力特别强。它的鼻部非常厚实。

慈母龙的身躯

慈母龙是种鸭嘴龙类恐龙，体长9米，重达4吨。小慈母龙大约长0.3米。通常情况之下，会以四足行走。前肢比较细长，后肢粗壮有力，略长于前肢，因而它的臀部显得非常高。也会以两足行走，不过都是用来奔跑，并且速度非常快。

尾巴细长，尾椎骨靠肌肉连接，能够灵活地摆动。

慈母龙的生活状况

慈母龙生存于白垩纪早期，约6500万年至8000万年前，分布在北美的美国、加拿大等国家。慈母龙是草食性恐龙，主要以植物的枝叶、地上的草类为食。最好的防御武器就是粗壮的尾巴，或者是集体行动，但是它们的集体非常庞大，可能由几万个个体组成。

慈母龙的繁衍

慈母龙集体生活，在巢穴孵化幼体也是同步进行。这些巢穴都是依靠土壤堆起来的小土堆，当要产蛋时，就会用前爪挖两米宽、一米深的小坑，然后把蛋产在坑里，利用植被腐烂产生的温度来孵化蛋。它们会在巢穴内产下30枚至40枚蛋，排列成圆形。这个时候，雄慈母龙就会时刻守护在巢穴附近，防止其他恐龙来偷蛋。

科学家们认为，慈母龙有母亲，可能还有父亲，会在窝旁保护着蛋，母亲可能卧在蛋上保持其温暖，当它需要离开去吃食物时，则由其他成年恐龙看护着恐龙蛋。小恐龙出世以后，它们的父母会照顾它们，并喂给它们食物。

慈母龙的发现

1978年初夏，古生物学顾问杰克·霍纳和罗伯特·马凯拉在美国蒙大拿州发现了恐龙巢穴。里面有许多蛋壳和孵出的幼体，幼体大约一个月大，它们的牙齿已磨损。经验证，是母亲照料幼体，或者带它们到巢外觅食后回到窝巢。许多的巢分布在附近推测是幼体照料的地方。

科学家们发现一些幼小恐龙化石的牙齿有明显的磨损痕迹，这表明它已经开始吃东西了。但是这些幼龙的四肢却还没有发育完全，显然还未开始真正意义上的爬行。这似乎可以说明幼龙是在巢中由父母来养育的。

哺育幼龙之谜

慈母龙的英文名的含义是"好妈妈蜥蜴"。许多恐龙没有留下他们是怎样生活和哺育后代的痕迹，但慈母龙却给我们留下了充足的证据。慈母龙是群居生活的恐龙，它们的脑袋不算太小，所以比较聪明。

恐龙窝都是它们自己在泥地上挖的坑，这种窝差不多和我们现在的一个圆形饭桌那样大。在北美洲曾生活着大批的慈母龙，它们在森林中生活，但每年都回到同一个产卵区来产卵。也许它们每次都会使用同一个窝。

在下蛋之前，成年恐龙可能会用柔软的植物垫在窝底。做好窝后，雌恐龙便会在垫好的窝内产下18枚至40枚恐龙蛋，恐龙蛋的形状像个柚子，它们会不规则地摆放在窝里。慈母龙的幼仔破壳而出时，慈母龙们都站在窝边耐心等候。小恐龙出生以后，父母就会精心照顾它们，并给它们喂食。

当慈母龙父母找到食物后，先将坚硬的果实和种子的外壳剥

去、嚼碎，然后，再喂给小恐龙。

小慈母龙被成年慈母龙照顾着，大约要过15年，小慈母龙才能离开父母独立生活。当小恐龙生长到能够自己出去寻找食物时，父母便不再去照看它们，此时，它们就会加入到恐龙集体中去。

延 伸 阅 读

经对出土化石的研究认证，古生物学家认为，这种恐龙在下蛋之后会照顾并喂养小恐龙，于是便命名为慈母龙。现在，全世界已发现超过200具各种年龄的慈母龙化石。

水陆两栖的贵州龙

贵州龙的外形

体型比较小，体长只有0.4米。脑袋也非常小，脖子却比较长，它的身体宽扁，与后来出现的蛇颈龙非常相似。

贵州龙的四肢

四肢尚未退化成鳍脚，仍长有趾爪，能像鳄鱼一样爬行前进。宽大的脚掌及细长的尾巴很适于在水中游泳。

贵州龙的生活习性

贵州龙生存于三叠纪时期，距今2.5亿年，大部分时间生活在水里。它宽大的脚掌，细长的尾巴，非常适合在水中游泳。它与其他幻龙有着共同爱好，非常喜欢吃水中的鱼类及小型动物。

贵州龙的发现

贵州龙化石最早发现于我国贵州省兴义县，并因此得名。

1957年5月，中国地质博物馆的胡承志在贵州的黔西南布依苗族自治州兴义地区进行野外地质考察时，在兴义顶效镇柳荫村，惊喜地发现了一个保存精美的爬行动物化石。

后来研究发现，这种生物是以前还没见过的新标本，所以就按照产地命名成"贵州龙"，为了纪念化石的发现者胡承志，经中国科学院古脊椎动物与古人类研究所所长扬钟健教授提议，命名为"贵州龙科贵州龙属胡氏贵州龙"。

此后，国内科研人员在贵州省的同一地区又采集到大量的鱼类化石。

贵州龙的价值

大约在距今2.5亿年左右，在三叠纪中形成了以贵州龙为代表的贵州动物群。这个动物群分布在我国的南方，主要特点是具有游泳器官，生活在浅海或湖滨，例如安徽的龟山巢湖龙和西藏喜马拉雅鱼龙。

这些对于全面研究和了解该地区的生物面貌提供了丰富材料，具有重要的科学价值，由此可以显示出贵州龙在科学研究上的意义。

　　贵州龙不仅名气大、科研价值高，幽雅的形态也很具观赏价值，因此贵州龙化石买卖交易十分活跃。目前在市面上可谓鱼龙混杂，许多化石贩子制作贩卖假化石，在北京的旧货市场、观赏石展览中明目张胆地出售。

延　伸　阅　读

　　真假贵州龙的识别：当用手敲击真化石的表面时，会听到化石和石板同时发出的声音，而当敲打假化石时，会感觉上部模型的声音和下面石板的声音不是一体的感觉。

海洋中生活的沧龙

沧龙的头部

头部巨大，脖子比较短，鼻孔小而靠上，需要呼吸新鲜空气时把头顶露出水面。颌部宽大而厚实，嘴里长有弯曲状的锐利的牙齿，双颌在咬合时产生的巨大力量可将猎物的身躯咬断。

沧龙的身躯

身体呈长桶状，身长约10米。前肢有五指，无爪。四肢为鳍状肢，指间有蹼连接，这些鳍肢能使它在游动时快速改变方向。

沧龙的生活环境

沧龙生存于白垩纪晚期，约7000万年至6500万年前，分布在世界各地。沧龙属于由陆地向水中进化的物种，完全适应海洋生活，并且可以用肺呼吸。但是沧龙主要生活于岸边的浅海地区，用它的利齿捕捉软体动物为食，不过有时也会猎杀蛇颈龙等大型动物。

沧龙的亲缘

沧龙的身体非常细长，而且四肢已基本退化，从而使其显得非常灵活，这些特征与现在的蛇类极为相似。

所以，有些古生物学家认为沧龙与蛇是近亲，它们都是由相同的祖先进化而来的，它们的祖先都是生活在水中的游泳型动物。

嗅觉和听觉之谜

沧龙由于在海洋中长期生活，视觉逐渐退化，相反，嗅觉和听觉异常发达起来。

研究发现，沧龙最强大的嗅觉系统是特殊的鼻子，它通过鼻子收集外界的信息，然后传至大脑，这样就能感觉到同类的信

息。它的耳朵已经退化，主要是靠上颚侧面与嘴部的一组神经来侦测情况。

科学家推测，它的这个特殊耳朵能够把声音放大至40倍，并且还能够侦测到猎物的准确位置。

延 伸 阅 读

研究发现，沧龙是由古海岸蜥进化而来的。古海岸蜥最初生活在陆地上，当遇到恐龙的威胁后便逃入海洋。之前的四肢都演变成了鳍状肢。又过了几百万年，它们就变成了巨大的沧龙。

以鳍肢游泳的鱼龙

鱼龙的头部

鱼龙的头像海豚，拥有一个长长的有齿的吻。鱼龙嘴巴长而尖，上下颌长着锥状的牙齿，整个头骨看上去像一个三角形。

头两侧有一对大而圆的眼睛，眼睛的直径最大可达30厘米。现存脊椎动物中眼睛最大的动物是蓝鲸，它的眼睛直径也才15厘米。

因此，研究者认为，鱼龙可以在光线暗淡的夜间或深海里追捕乌贼、鱼类等猎物。

鱼龙的身体

典型的鱼龙20多米长，体重可达一吨。身体呈流线型，椎体如碟状，两边微凹，一条脊椎骨好像一串碟子被串在一条绳索上，尾椎狭长而扁平。像今天的鲔鱼，它的体型适于快速游泳。

鱼龙有鳍状的四肢，它们可能被用来起稳定以及转向的作用，而不是用来加速，加速可能主要来自于鲨鱼似的尾鳍。其尾鳍分两叶，其中下叶受到尾椎的支持。

最初人们以为鱼龙没有背鳍，因为鱼龙的背鳍里没有硬骨组织，直至1890年在德国霍尔茨玛登出土的保存完好的鱼龙化石才显示出其背鳍的痕迹。

鱼龙的生活方式

鱼龙作为海洋性的动物，在世界各地均有分布。从早三叠世晚期出现到白垩纪末灭绝，鱼龙一直是在海洋中生活得非常成功的动物。在中生代末它们与恐龙、翼龙等一起灭绝。

鱼龙的主要食物是属于菊石亚纲的鱿鱼的近亲头足动物。有些早期的鱼龙有能够咬碎贝类的牙齿，它们的主食可能是鱼。一些大型的种类拥有强壮的腭和牙齿，说明它们也吃小的爬行动物。

由于鱼龙的大小相差很大，而且生存了这么长的时间，因此它们很可能有非常广的食谱。典型的鱼龙有很大的受角膜环保护的眼睛，这说明它们主要在夜间猎食。

鱼龙的游泳方式

最早的鱼龙是有手和足的，或者叫做鳍状肢。古生物学家对此有各种各样的称呼，在20世纪，逐渐形成了习惯，称前面的一对叫做前鳍，后面的一对叫做后鳍。

鱼龙可能在游泳时用前鳍操纵，就像现存的鱼类和鲸类（如海豚和鲸鱼）。

一些古生物学家猜测，鱼龙当然是用它们的前鳍和后鳍来推进身体。但是，它们的肩、臂似乎并不像脊椎动物的那样健壮。

所以，鱼龙游泳的主要力量是由大尾巴提供的，大尾巴来回折击，身躯进行有韵律的摆动，能使它在水里迅速前进，而它的四个鳍作为平衡之用，控制在水中上下方向的运动，帮助定向和制动。另外，其背鳍还是一种防止左右滑动的平衡器。

鱼龙的繁殖

大量的鱼龙的标本证明，鱼龙能够产下活的婴儿，小鱼龙是尾巴先生出来的。婴儿头先位而不是尾先位保存的标本显示，鱼龙有时会发生难产。

每年的六月中旬，怀孕的雌性大眼鱼龙会成群结队地游到有大片珊瑚礁和海藻丛的陆表海，尽快生产。这种环境不仅为小鱼龙提供了丰富的食物来源，也是它们的避难所。

小鱼龙离开母体后第一件事就是赶快浮到水面上去吸一口

气。它们生下来就很活泼，能够自由游泳。

新生的小鱼龙成长初期，珊瑚礁中的洞穴和通道成了它们躲避肉食动物的理想场所。在几个月内，小鱼龙就会长大，进入开阔海域生活。

鱼龙的化石

人们在有些鱼龙类标本中发现其腹内有鱼龙幼体的骨头，于是不少古生物学家认为，鱼龙会同类相残。不过现在证实，这些幼体是在母体怀孕时或生产过程中死亡的。

这些标本不仅证明了鱼龙产下的是成熟的幼体，而且还进一步证实像鲸类和海豚一样，小鱼龙也是尾巴先生出来的。

延 伸 阅 读

人们在一些雌鱼龙化石的肚子里，发现了小鱼龙的骨骼。更为奇妙的是，在这些标本里还发现了快要出生的小鱼龙，它的身体已经伸出鱼龙妈妈的身体，但头部仍然留在妈妈的体内。

恐龙的外貌大观

早期恐龙是什么样子

在欧洲、非洲和南美洲和北美洲均发现有早期的恐龙化石，虽然化石较少，但是仍然可以从它们的遗骸上或多或少地获得它们当时的模样。

较有代表性的早期恐龙是发现于阿根廷西北部安第斯山的"始盗龙"，是2.2亿年前三叠纪晚期的肉食恐龙。

它体长1米，头骨长12厘米，体重大约有11千克。它的后肢很粗壮，前肢较短小，用两足行走。

　　在安第斯山出土了另一具保存完好的早期肉食恐龙的化石。从化石上得知，它大约生活在2.3亿年前。它站立时高1.8米，估计大约重110千克，具有粗大的前爪及带锯齿的牙齿，能用后肢直立行走或奔跑。

　　美国的亚利桑那化石森林公园，多年前也曾出土过一具相当完整的早期恐龙的化石。它生活于2.2亿年前，身长2.5米，臀高不到1米，体重约有90千克。四肢行走，也能用后肢站立，它的颈和尾都较长，是植食性恐龙，估计它可能是后来那些身躯异常庞大的蜥脚类恐龙的祖先类型。

恐龙的大小

　　以前，人们都认为梁龙是最大的恐龙，有一架梁龙化石骨架显示出梁龙身长26.2米。

　　但是，1985年，在美国侏罗纪地层中发现了一具更可怕的恐龙化石，它的身长竟然达到42.67米，比梁龙还长16米多，这就是地震龙。

当然，恐龙中也有小的，比如似鸟龙、鸵鸟龙、窄爪龙和恐爪龙等。它们体长大约2米左右，行动敏捷，能走善跑。

恐龙身材高大之谜

恐龙家族中的庞然大物是蜥脚类恐龙，包括马门溪龙、雷龙、梁龙和腕龙等，体长20米至30米很平常，抬起头有5层至6层楼的高度。

最大的蜥脚类恐龙——地震龙长达42.67米，重约80吨。这样的庞然大物站在面前，真是可怕极了。从发现的少数皮肤印膜化石来看，大部分恐龙具有与现在爬行动物相似的皮肤，粗糙、坚硬、有鳞甲或角质突起。

恐龙体重的计算

科学家用什么方法比较准确地测量恐龙的体重呢？

这个方法的第一步是塑出被测恐龙的模型，当然这要比真实的恐龙要小得多，模型制成后，根据它的比例，得出它真实的大小。

第二步是测量模型恐龙的体积。将模型放入一个木箱内，然

后往箱内倒入细沙。

当沙把模型恐龙完全盖往后，将沙面刮平，并在箱壁上用笔画出沙面的高度。把模型从箱内取出。然后将沙面刮平，用笔在箱壁上画出沙面的第二个高度。这样我们很快就能计算出恐龙的体积。

第三步是计算恐龙的实际体积。模型的体积与倍数相乘就得出恐龙的实际体积。第四步是计算恐龙的体重。

恐龙的体积已经有了，现在我们还不知道恐龙的比重，知道了比重，再乘以体积，恐龙的体重就知道了。

问题是恐龙早已绝灭，谁也弄不清它的比重究竟有多大。科学家只好参考现代的鳄鱼、鸟类等动物的比重。这样，恐龙的体重就测出来了，虽说不一定十分精确，但比盲目估计要接近实际多了。

延 伸 阅 读

根据古生物学家的研究，恐龙就像现在的动物一样，有大的，有小的；有的以两条腿走路，有的以四条腿走路；有的吃植物，有的吃动物；有的皮肤光滑，有的皮肤上有鳞或骨板，更多的是有羽毛。

恐龙的生理系统

恐龙的牙齿

恐龙的牙齿,数霸王龙的最为可怕,最长的足有20厘米。霸王龙的牙齿清楚地显示,它是一个凶猛的吃肉的恐龙。被它咬住的动物,恐怕是很难逃脱的。

吃植物的恐龙也长着同型齿,但不像肉食龙那么尖锐锋利。

它们的牙齿有如勺子形状的，有如钉棒形状的，也有如叶片形状的。其中鸭嘴龙的牙齿最为奇特，多达2000多个，叶状的牙齿一个挨一个，密密麻麻排成数行，像锉刀一样。

恐龙一般都是同型齿。这种牙有缺点，功能不够齐全，在撕咬、切割或压碎食物方面很管用，但却不能咀嚼食物。

所以恐龙吃东西多是采用"囫囵吞枣"式的吃法。现在，就让我们来看一看这些恐龙各具特色的牙齿吧。

腕龙：这种生活在侏罗纪时期的庞然大物牙齿相当大，呈菱形。

肿头龙：肿头龙的嘴里长着细碎的牙齿，排列紧密，植物一到它的嘴里，便会被嚼得粉碎。

剑龙：在剑龙嘴后部的颚边，长有很多树叶形状、带有锯齿的牙齿，它们整齐地排列着，嘴的前部呈现喙状，小而无牙。

甲龙：甲龙的牙齿前面的喙状嘴很方便咬食植物，虽然说那里并没有牙齿，咬到的植物交给嘴部较为靠后的位置，那里长着

短小而粗壮的牙齿。

窃蛋龙:窃蛋龙的嘴里没有牙,却在短而尖的喙嘴后有长而强劲且带有交叉的颚部。

似鸵龙:长着一张尖尖、长长的嘴,嘴里长着细碎的牙齿。

迅猛龙:牙齿十分尖,而且后弯,这种牙齿一咬上肉,就只有吞下去的份,很难再吐出来。迅猛龙的牙齿很可能处于不断生长之中,就像现在的老鼠牙齿那样,一生都在长。

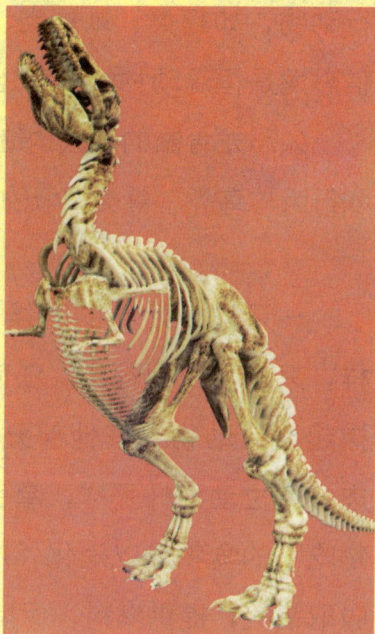

霸王龙:牙齿是它作为杀手的有力武器。霸王龙的牙齿巨大,就像刀子一样锋利,牙齿有些向后弯,它咬上对方,就像是用锋利的刀子在割肉那样轻松。

恐龙的嘴

不同的恐龙有不同的嘴。有名的鸭嘴龙的嘴酷似鸭嘴,当然要比鸭嘴大出10多倍。

鹦鹉嘴龙的喙,简直与鹦鹉的嘴一模一样。与鹦鹉嘴龙有亲缘关系的原角龙、角龙等,也长有这样的嘴。

似鸟龙它长有鸵鸟似的无牙的喙嘴。有个别小型恐龙的嘴又尖又硬,有点像啄木鸟的喙,喙中也没有牙。

恐龙的体温

变温动物也叫冷血动物。与变温动物相对的,是恒温动物,也叫热血动物,它们的体温是保持不变的。恐龙被认为是一种爬行动物，如鳄类、蜥蜴类、蛇类、龟类，自然是变温动物了。相信恐龙是恒温动物的学者还举了许多其他的理由。

如恐龙骨骼的细微构造与大型哺乳动物相同，某些恐龙的生理和行为与鸟类、兽类相似（如群体生活方式和保护幼仔的行为）等。

恐龙的解剖

一只恐龙活着的时候，肯定不像我们在博物馆里看到的那样，只剩下一副骨头。任何脊椎动物的骨骼只是个支架，用来支撑起整只动物，其他部分则由柔软湿润的部分构成，首先是肌肉，像拉动杠杆那样，牵引骨头，使动物能活动。内脏器官将动物吃下的食物加以消化，产生出生长肌肉的原料。肺部从空气中吸取氧气，提供燃料，保持肌肉和平共处身体的运动。

脑部控制整个身体的动作。再就是神经系统了，这是把信息从脑部送往身体各个不同部分的通讯网络。

眼、耳和鼻使恐龙能感觉周围发生了什么，并将情报送往脑部。最后，皮肤为整只动物提供外层的覆盖物。

延 伸 阅 读

根据现有史料研究表明，恐龙的大脑非常小，差不多就和核桃一样大，与它的整体极不成比例。但恐龙还有位于臀部空腔内的"第二个大脑"，这个"大脑"可以有效地和它真正的大脑配合起来，协调身体的运动。

恐龙的性别和繁殖

恐龙不都是卵生

美国科罗拉多大学博物馆古生物馆馆长罗伯特·贝克却提出，雷龙可能不是卵生，而是胎生的。

雷龙是世界上最大的恐龙之一，生活在1.2亿年前。贝克研究了40具至50具成年雷龙的骨架，发现它们的盆骨腔比其他大多数恐龙都宽得多。这样宽的盆骨腔，足以容纳下雷龙的胎儿，而且

还能顺利地分娩。

1910年，人们曾发掘出一具成年雷龙的化石骨架，而在这一骨架中竟包含有一个小雷龙的骨架。

当时有人猜测，这一大一小两具骨架，是被水冲到一起的。但后来贝克仔细研究了这一标本，得出结论：这是雌雷龙和它的还未出世的胎儿的遗骨！

这位学者相信，雷龙妈妈不产卵，而是直接生出龙宝宝，就像现在的大象一样。

对雷龙是胎生的还是卵生的问题，现在还没有一个肯定的结论。但值得一提的是，爬行动物虽然大多数是卵生，但也有少数是卵胎生，如现在的蛇类、蜥蜴类中就有这样的成员。

需要指出的一点是，在古代爬行动物胚胎化石中，继鱼龙胚胎化石之后，最近瑞士苏黎世学的古生物学家又在瑞士南郊和意大利北部发现了幻龙的胚胎化石。

这是迄今为止的第二具珍贵的胚胎化石。幻龙化石的颅骨相对较大，趾骨化石不全，肱骨较短。

这些特点表明，这是一个即将从卵内孵化出的胚胎。此标本体长只有51毫米，只是成体平均体长的22%，可能是已知的最小

的爬行动物化石。令人遗憾的是，至今还没有发现幻龙蛋的蛋壳化石。

恐龙的性别

　　研究者曾在野外收集了大量美洲鳄的受精卵(它们的大小、重量和质量基本上都一样)，然后分成六个组，分别在六种不同的温度下进行孵化。

　　六种温度分别为26℃、28℃、30℃、32℃、34℃、36℃。经过65天的孵化，结果十分令人意外：孵化温度为30℃和低于30℃的卵孵出的全为雌性鳄；孵化温度为34℃和高于34℃的卵孵出的全为雄性鳄；孵化温度为32℃时孵出的鳄雌性和雄性都有，但雌多雄少，其比例为5：1；孵化温度低于26℃或高于36℃时，卵全部死亡。

据科学家研究，爬行动物中蜥蜴、龟、鳖也是温度决定性别。但科学家始终弄不清楚其中的原因。

科学家认为，在气候史上，地球的气温自中生代末期起逐渐变冷。气温与恐龙的性别的关系怎样，还有待于人们去发现和研究。

现代科学识别恐龙性别

在美国曾发现过一些霸王龙的化石，恰好可依大小分成两种类型。但这种个体大小的差异不明显。再说个体大小是由诸多因素引起的，可能与性别有关，也可能与年龄或发育程度有关。

因此，以大小论性别并不是个可靠的办法。

拉森等研究者解剖了一些鳄类，发现雄鳄尾椎骨下面向下伸的第一个脉弧比雌鳄相对要大一些，差不多大出一半。

随后，拉森等人对某些恐龙化石进行检查，发现被查的霸王龙和秃顶龙都有鳄类那种第一脉弧，随性别而变化的情况。

拉森似乎已找到了鉴定恐龙两性的办法，但需要对更多的恐龙化石进行检查，才能给予肯定或否定的回答。

延 伸 阅 读

科学家认为，恐龙与鸟类是由同一个祖先进化而来的。美国北卡罗来纳州大学的一个科研小组研究发现，可以通过研究鸟类骨骼来判断恐龙化石的性别。

恐龙的灭绝假说

恐龙灭绝与气温骤变

有些学者推测，到7000万年前，地球上的气候曾一度变热。温度突然升高，使恐龙这种散热能力较弱的动物一时不能适应，造成了恐龙内分泌系统混乱，特别是生殖系统的严重破坏，致使恐龙断子绝孙。

我们知道，恐龙是热血动物。它不像其他冷血动物那样进行

冬眠。这不仅是由于恐龙个体庞大的缘故，也有可能是因为它们的生理不能适应冬眠所致。特别是在低纬度地区，当一年一度的冰冻来临时，恐龙由于体躯庞大，即不能冬眠，又逃避不了严寒的袭击，只有被"冻死"。

恐龙灭绝与天体碰撞

1977年，美国地质学家阿尔瓦雷斯等人提出了"小行星碰撞"说。

他们认为，在6500万年前的白垩纪晚期，宇宙间有一颗直径7千米至10千米、重约13万亿吨的小行星以1万千米/时的速度与地球相撞，引起生物大灭绝。

阿尔瓦雷斯等人提出的这个理论的依据是最近几十年他们曾在意大利、西班牙、丹麦、美国及大西洋海底等处发现了含铱量非常高的地层，铱这种元素在地表的含量是微乎其微的，而在小行星上的含量却非常高。

但是这种观点又有缺陷，科学家们提出，如果是小行星撞击地球引起大爆炸，那么在地球上一定会留下巨大的陨石坑，可至今却没人发现这个巨大的陨石坑。

恐龙灭绝与恐龙放屁

恐龙绝种的原因众说纷纭，最近有法国科学家推测导致恐龙绝种的正是它们自己的屁。

科学家们精确分析了屁的成分。屁中发出的臭气只占所泄之

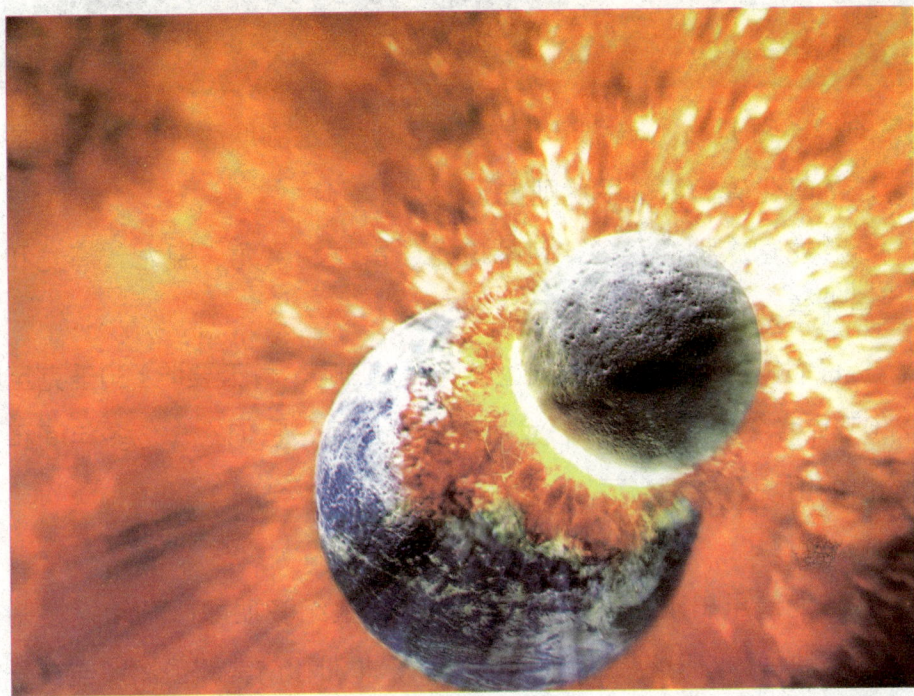

气的1%，那是铵、硫化氢、粪臭素和挥发性脂肪酸等。无臭味的氮、二氧化碳、氢、甲烷则占了很大比重。

恐龙家族种类众多，包括斑龙、雷龙、梁龙、腕龙、湾龙和三角龙等。

它们体型庞大，部分重达80吨至100吨，每天要吃130千克至260千克食物。试想想，恐龙每天不断放屁，它们在一亿多年间释放出的甲烷必定相当可观。

恐龙灭绝与大陆漂移

恐龙最早出现于三叠纪晚期，从三叠纪晚期即已开始缓慢割裂的两块古陆，已经更加剧烈地漂移。非洲和南美洲虽然还连在一起，但南极洲和大洋洲已经分离，印度板块已经开始向北漂移。

到了白垩纪中期，大陆漂移的速度加快，北美洲从欧洲分离出去，南极洲与大洋洲分割开，南美洲和非洲的距离也逐渐拉开，形成了今天的地球大陆板块的离合状况。

据地球专家们分析，大陆漂移能够引起一系列的环境变化，而环境变化又能引起气候变化。

海洋对气候的变化有巨大的影响，古陆没有分离时，地球上的温度从赤道到两极差不多相同，温差相差不大。

然而，到白垩纪晚期，海水退却，气候变化，两极地区变冷，而在其他地区，则成了冷和热相互交替的温带气候，这就为适应温暖气候环境的恐龙的灭绝提供了外部条件。恐龙不能适应这种变化，从而慢慢地灭绝了。

恐龙灭绝与火山爆发

火山爆发是导致恐龙灭绝的原因之一。

持有这种主张的观点的有两种。

第一种观点的人认为，由于火山爆发引发了造山运动，大量的火山灰使气候变热，恐龙们无法适应环境，而——死去。

第二种观点比第一种观点更有说服力，他们认为火山猛烈爆发，对环境产生巨大影响，大规模的火山活动，能产生大量尘埃和一氧化氮等有毒气体，因此把恐龙置于死地。

地质史上有过多次大规模的火山爆发，它们与恐龙的灭绝在地质年代上相符合。

时间是如此遥远，在6500万年前究竟发生了什么？谁都无法肯定，只是努力地推测这个谜团罢了。所以，火山爆发这一观点也只是人们的一种推测。

恐龙灭绝与星球爆炸

在杀害恐龙的嫌疑犯中,超新星也是其中一个。1957年前苏联科学家克拉索斯基提出了"超新星大爆炸说"。

超新星爆发是目前已知所有天体中最剧烈的一种爆发。天文学家说,超新星并非是一种罕见的天象。在银河系中,每200年中就有几次超新星爆发。因此,超新星爆发致恐龙灭绝的可能性也是可能的。

恐龙灭绝与太阳耀斑

前苏联有位学者提出,6500万年前,太阳可能产生过一次超级耀斑,给地球上的生命带来了巨大的灾难。

　　耀斑是一种极其剧烈的太阳活动现象，是发生在太阳大气层中的一种很复杂的能量释放过程。

　　各种太阳活动中，对地球影响最大的就是耀斑。轻微的可持续几分钟到十几分钟；严重的可持续几十分钟到两个小时。

　　耀斑发生时，能在一瞬间发射出强X光和高能粒子流。耀斑的粒子流对生物的遗传基因破坏性很大，能使生物大量死亡。白垩纪末太阳可能爆发过一次特大耀斑，使恐龙等大量古生物灭绝。

　　美国著名科普作家阿西莫夫也指出，太阳的嫌疑性非常大。他认为6500万年前，太阳可能曾发生过一次轻微的爆炸。爆炸时，一些碎渣从太阳上飞溅出来，落到了地球上，从而造成地球沉积物中铱含量的明显增高。

在恐龙的绝灭问题上，太阳可能负有责任，也可能是无辜的。这还有待我们进一步找到有说服力的证据。

恐龙灭绝与性功能

由于古气候及地质——地球化学因素的影响，距今6500万年前的白垩纪末期，雄性恐龙出现了性功能障碍，大量的恐龙蛋未能受精，导致了恐龙最终灭绝。

而恐龙骨骼化石零星可见，是恐龙蛋未能孵化从而导致恐龙灭绝的直接见证。

支持这一观点的例证，是英国一名化石商人在来自中国的70个恐龙蛋化石中发现一个有胚胎化石，也说明恐龙蛋的受精率颇低。

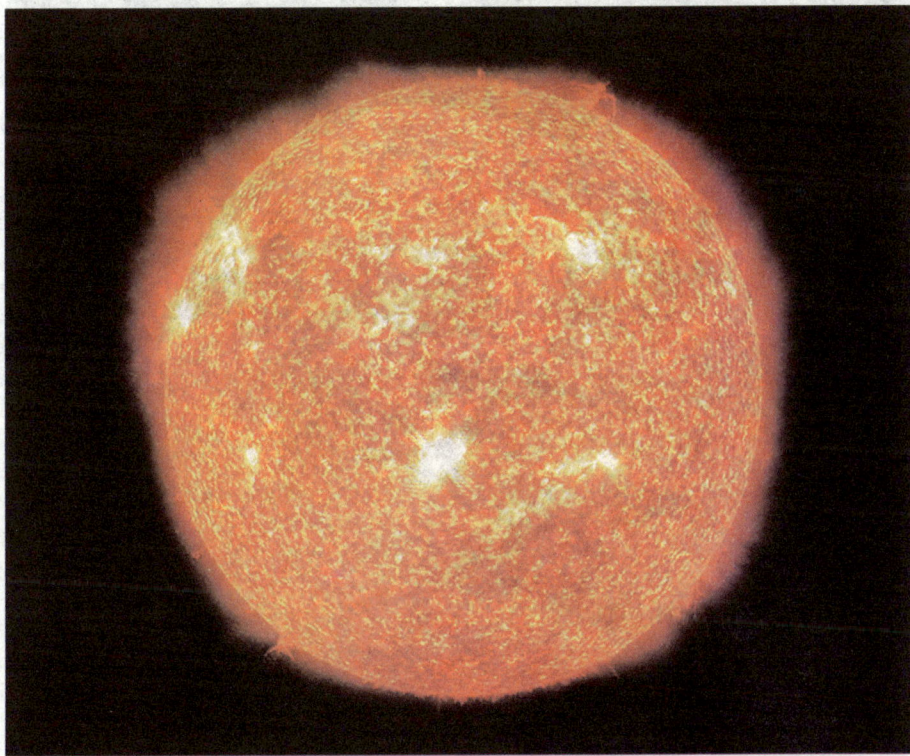

恐龙灭绝与分子云冲入

主张分子云冲入假说的人认为是宇宙中巨大分子云撞入太阳系，使地球大气中产生很多宇宙尘土。

尘土具有强烈的折射作用，把太阳光反射或散射向空间，从而引起气候恶化，同时含氧量也减少，使恐龙陷入一种缺氧状态，而导致恐龙灭绝。

但到目前为止还没任何证据让人确信曾经有过分子云进入太阳系。假设确有分子云与太阳系冲撞之说，所产生的氢和地球上的外逸的氧，在热合力的作用下能产生水汽。那么湿重的水汽很

快会和周围众多的尘粒结合，形成冰雹或浊雨还回地球，不存在缺氧一说。再有恐龙的肺呼吸量和其他爬行动物（如鳄和蜥蜴）一样，甚至强于它们，因为恐龙有极快的奔跑能力。

恐龙灭绝与生物竞争

在三叠纪晚期，恐龙刚刚从古老的爬行动物中分化出来，而从兽形的似哺乳爬行动物中分化出来的哺乳动物也已出现在地球上，看上去哺乳动物不是恐龙们的对手，但是从进化的角度来看，哺乳动物显然又比恐龙高明。

一是哺乳动物是恒温动物，有调节体温的汗腺，毛发以皮下为脂肪组织，对较冷、较热的环境都能适应。

二是哺乳动物的大脑高度分化，脑量也比恐龙多得多，牙齿

也有了更为精细的分化，消化器官和功能更加完善。它们对机体各种活动的指挥十分自如，适应环境的能力大大超过了恐龙。

三是哺乳动物的胎儿在母体内成长，生出来后用乳汁哺育后代，显然哺乳动物幼儿的成活率比恐龙高得多。况且在恐龙灭绝时，哺乳动物并不强大。

哺乳动物是在恐龙灭绝100多万年之后才获得空前的发展，因此这个恐龙灭绝的原因的说服力也不够强烈。

恐龙灭绝与生物碱中毒

从发现的恐龙化石证明，这些巨大动物全部消失之前，有的是患了重病，有的身体则呈现扭曲。

据分析，这主要是因为吃了过量的生物碱而产生了中毒。从生物化学的角度来探讨恐龙的灭绝之谜，有一定的科学道理。这种观点虽有说服力但也有严重的缺陷。

第一，在时间上与事实不符，引起人们的怀疑。如果有毒的生物碱是与最早的有花植物同时在1.2亿年以前出现的话，那么为什么在恐龙遭到毁灭性打击之前，又拖延了5000万年之久才灭绝的呢？

第二，怎样解释那些小的、以哺乳动物为食的恐龙群体的灭

绝呢？

　　第三，如果是有花植物导致了恐龙的灭绝，那么空中的翼龙、水中的鱼龙等根本不吃陆地上的有花植物的恐龙，为什么也同时绝灭呢？

　　第四，为什么有花植物出现后，鸭嘴龙、角龙等类群更加繁荣，并繁衍出20个种属，它们也吃有花植物，却为什么不中毒？

　　这些都表明了恐龙灭绝的原因不止是生物碱中毒造成的，至于还有什么原因有待进一步考证。

恐龙灭绝与基因的关系

　　从事遗传学研究的专家，认为基因对于生物生存环境的适应有着决定性的作用，受外界环境的影响，基因可以发生突然性变化。

　　例如在白垩纪的地层中发现了三只角的三角龙；在比伦斯组

较老的加拿大赤鹿河周围又发现了尖角龙、隙龙和只有一个角的独角龙，它们在很短的时间从原角龙发展到独角龙、三角龙等近20个种属，不能不说是一个奇迹。

至于剑龙、甲龙、肿头龙等，它们本身已经够奇特了，大量放射线的吸入，造成了基因大混乱又不能产生新的种类，于是在白垩纪便早早地过世了。

恐龙灭绝与性比例失调

提出这一新奇学说的是英国的弗格逊博士等人。他们认为，恐龙的灭绝是由于孵化出的后代均是雄性或者均是雌性，而使后代失去生殖能力，以致整个家族灭绝。

同样令人遗憾的是，这个学说也不尽人意。在26℃至30℃温度下孵化出来的小鳄鱼都是雌性，而这一温度恰好同我们现在所

处的温度差不多，但为什么现在鳄不灭绝呢？

另一方面，并不一定是所有爬行类的性别都取决于孵化时的环境温度，而且也无法证明地球上最后的一批恐龙究竟全部是雄性的还是雌性的。

延 伸 阅 读

据我国科学家研究发现，恐龙有可能死于地球引力骤变。大约在6500万年前，地球引力突然加重，引力的加重使这一类生物在运动、血液循环、心脏压力和较高大的植物营养水系的循环上处于不利生存的状态。